Contents

導覽圖① 從太陽到銀河系

銀河系的中心位於距離太陽 2 萬8000光年之處

當以我們的行星之母太陽為出發點時，太陽系的行星以及知名的恆星、星雲、星系等，距離太陽有多遠呢？

在浩瀚無垠的宇宙中，使用「光年」作為長度的單位會比較方便。

1光年是指「光耗時 1 年所行進的距離」。光在 1 秒鐘內於真空中行進的距離可以繞行地球 7 圈半（約30萬公里），以 1 年來計算的話，即60（秒）×60（分）×24（小時）×365（天），也就是可行進大約 9 兆5000億公里。這個距離就是所謂的 1 光年。

太陽所屬的「銀河系」是個直徑10萬光年、呈圓盤狀擴展的星系，其中心位於距離太陽 2 萬8000光年之處。

太陽是離地球最近的恆星

所謂的恆星，是指利用自身能量發光的星體。離太陽最近的恆星，位於距其 4 光年以外的地方。據說在距離太陽100光年以內的範圍，有大約2500個恆星。

北河三（Pollux）
34 光年

北落師門（Fomalhaut）
25 光年

織女星（Vega）
25 光年

南河三（Procyon）
11 光年

牛郎星（Altair）
17 光年

眾恆星

半人馬座比鄰星
4.22 光年

第 30 頁

天狼星（Sirius）
8.6 光年

太陽系

第 26 頁

歐特雲
半徑約 1 光年

第 6 頁

太陽

彗星

第 16 頁

土星

地球

距離太陽
1 光年

距離太陽
10 光年

※此圖為每向右邊擴展 1 圈，距離就多10倍（對數尺度）。實際上，
太陽系與恆星、星團、星雲等天體，均位於銀河系之中。

銀河系

沙漏星雲（Engraved
Hourglass nebula）
8000光年

第 52 頁

銀河系的中心
2 萬 8000 光年

第 34 頁

昂宿星團
410 光年

蟹狀星雲
7200 光年
第 48 頁

水委一
（Achernar）
140 光年

眾星團、星雲

畢宿五
（Aldebaran）
67 光年

老人星
（Canopus）
309 光年

第 44 頁

環狀星雲
2600 光年

五車二
（Capella）
43 光年

第 42 頁

獵戶座大星雲
1400 光年

大角星
（Arcturus）
37 光年

第 36 頁

參宿四
640 光年

軒轅十四
（Regulus）
79 光年

距離太陽
100 光年

距離太陽
1000 光年

天鵝座 X-1
6000 光年
第 46 頁

距離太陽
1 萬光年

導覽圖②
從銀河系到
大宇宙的盡頭
宇宙中有無數由星系
集合而成的星系團

第 60 頁
仙女座星系
250 萬光年

本星系群

三角座星系
（M33）
250 萬光年

第 58 頁
大麥哲倫雲
16 萬光年

第 59 頁
小麥哲倫雲
20 萬光年

銀河系

眾星系的宇宙

在距離太陽16萬～20萬光年之
處，有「大麥哲倫雲」、「小麥
哲倫雲」等鄰近的星系。而在距
離太陽250萬光年之處，則有比
銀河系還要大的「仙女座星
系」。這些星系被歸類為「本星
系群」（Local Group）。在距離
太陽數千萬光年之處，還有比銀
河更加巨大的集合，也就是「星
系團」（galaxy cluster）以及
「超星系團」（supercluster）。

距離太陽
10 萬光年

距離太陽
100 萬光年

距離太陽
1000 萬光年

宇宙微波背景輻射

第 74 頁

第 70 頁

宇宙大尺度結構

距離太陽138億光年的宇宙

縱觀宇宙涵蓋的寬廣範圍，便會發現既有眾多星系匯聚之所，也有幾乎看不見星系之處。這些地方交織而成的模樣，就像是肥皂的小泡泡有密有疏的樣子。而在距離太陽138億光年之處，即當今所能觀測到的宇宙極限之外，可能在發射名為「宇宙微波背景輻射」的電磁波。

距離太陽
1 億光年

距離太陽
10 億光年

距離太陽
100 億光年

位於太陽系中心的行星之母 —— 太陽

巨大的能量朝廣闊的空間放射

太陽系由位於其中心的太陽、八顆行星、繞行這些行星的衛星、五顆矮行星以及其他許多小天體等所構成。地球到太陽的距離約為 1 億5000萬公里。

太陽的直徑達139萬2000公里，大約是地球的110倍，也是木星的10倍左右。太陽的質量（重量）占太陽系整體的99.86%。如此巨大質量所產生的重力，會吸引所有存在於太陽系之中的行星及天體。

太陽的成分幾乎都是氣體的氫、氦，在其中心會發生主要由氫原子核相互融合的「核融合反應」（nuclear fusion），由此產生的巨大能量會轉換成光與熱，並朝太陽系的廣闊空間放射。

出現在太陽表面的暗色斑點名為「太陽黑子」（sunspot），會在數日至數十日內反覆地生成與消失。

太陽動力學天文臺SDO觀測到的太陽

在照片右側可以看到名為「日珥」（solar prominence）的現象，它是從太陽噴發的大規模氣體團塊，高度有時可達數十萬公里（地球直徑的數十倍）。

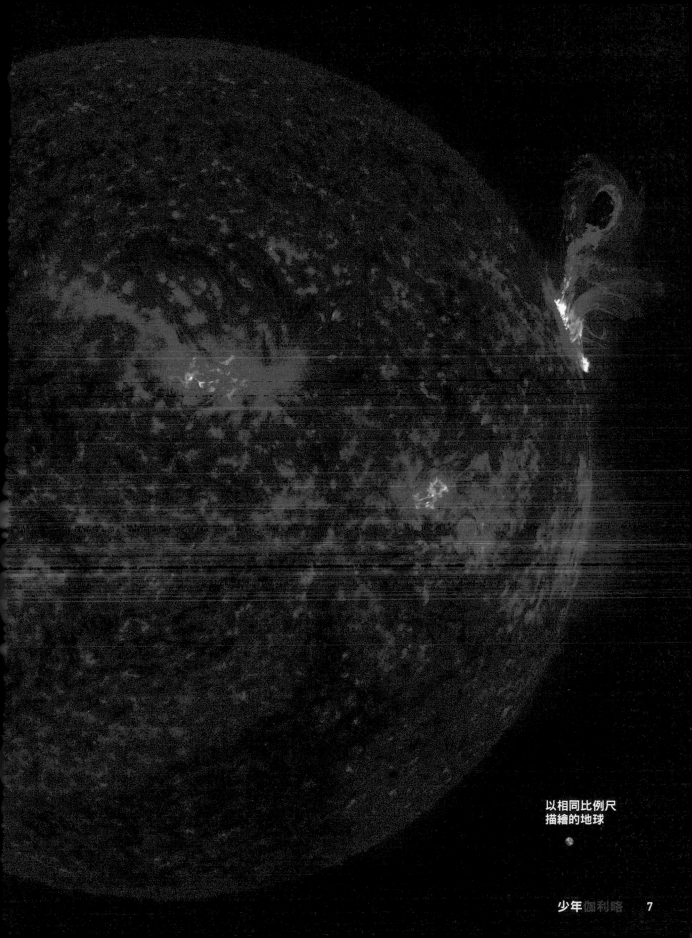

以相同比例尺
描繪的地球

離太陽最近的行星
第1顆行星 水星
第2顆行星 金星
連鉛也會熔化的灼熱地獄

離太陽最近的第1顆行星是水星，直徑4879公里，是太陽系中最小的行星，幾乎沒有大氣。1天（從日出到下一次日出）的時間非常長，以地球的天數來換算的話長達176天。因此，在灼熱太陽的曝曬之下，白天的氣溫會上升到430℃；在黑暗降臨的夜晚，則是會下降到將近−200℃。水星可以說是一顆環境嚴苛的行星。

數十億年前殘留在水星上的撞擊痕跡

上圖為探測器信使號（Messenger）拍攝的水星全貌。底圖所示為水星上最大的隕石坑「卡洛里斯盆地」（Caloris Basin），可能是數十億年前巨大的小行星撞擊之後所留下的痕跡。

繼水星之後離太陽最近的是第 2 顆行星 —— 金星，其直徑 1 萬2104公里，是顆比地球稍小一點的行星。表面溫度比水星還高，為460～500℃，是連鉛也會熔化的廣大灼熱地獄。由於大氣中的二氧化碳（CO_2）占了96%，所產生的溫室效應導致金星的表面溫度變得如此之高。此外，金星的上空被厚厚的濃硫酸雲所籠罩，還吹襲著秒速100公尺的強風。

金星

將探測器破曉號（PLANET-C）攝得的金星模擬上色而成。

金星火山產生的熔岩流

圖為根據探測器麥哲倫號（Magellan）取得之地形數據繪製而成的「馬特山」（Maat Mons），是座高度8000公尺的火山。圖像中高度的呈現經過誇飾。而從遠處朝向近處的明亮部分，是從馬特山流出的熔岩流。

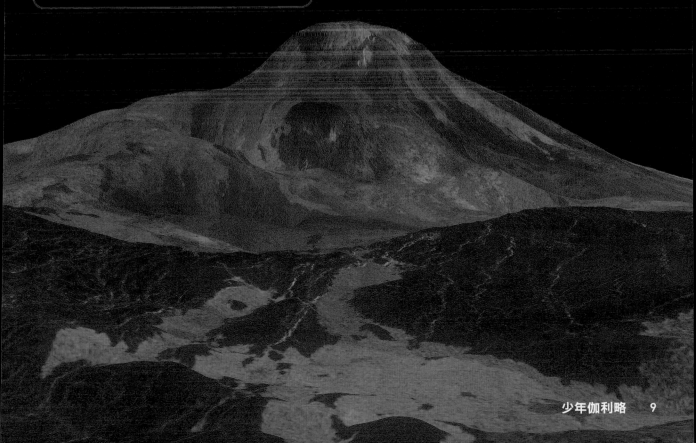

我們居住的地球是第3顆行星

太陽系中唯一有液態海洋與生命存在的星體

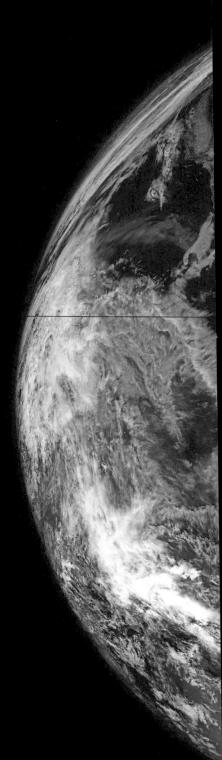

地球是太陽系中唯一確認有生命存在，且表面具有液態海洋的星體。包覆地球表面的大氣是由大約78%的氮以及21%的氧所構成，二氧化碳所占的比例為0.04%。地球上之所以有海洋與生命存在都要歸功於大氣，特別是有著適量的二氧化碳。

根據不同的季節以及地區，地球的表面溫度會在60℃到－60℃之間變化，不過全年的平均溫度約為15℃。相較於其他行星，地球表面幾乎沒有冷暖差異，屬於非常穩定的環境。

地球的直徑為1萬2756公里，大小在行星當中排名第5，其密度卻是最大的。由於地球是類地行星中最重的天體，所以重力也很大，導致內部的物質被大幅壓縮而密度變大。

從高度800公里處所看見的地球

圖為由NASA（美國國家航空暨太空總署，National Aeronautics and Space Administration）的索米國家極地軌道夥伴衛星（Suomi NPP）所拍攝的照片製成。可以看到棕色與綠色的陸地，以及複雜多變的白色雲朵。海洋在地表約占71％，餘下29％則為陸地。

繞行於地球外側第一圈的第4顆行星 火星

被氧化鐵覆蓋的紅色大地

繞行於太陽系第3顆行星地球外側第一圈的第4顆行星是火星，其直徑為6779公里，只有地球的一半左右。夏天白天的溫度最高只有20℃，但是冬天的夜晚卻是－140℃的嚴寒世界。

火星的1天約為25小時，其自轉軸與地球一樣呈現傾斜狀態，因此也具有四季變化。火星在夏天會發生幾乎籠罩整個星體的大規模沙塵暴。

火星因其顏色而有「紅色行星」之稱。呈現紅色是因為火星表面被含有氧化鐵（鐵鏽）的岩石所覆蓋。

下圖為探測器好奇號（Curiosity）所拍攝的火星大地。儘管尚未發現有生命存在，卻也有專家認為「火星上有某種微生物存在也不無可能」。

哈伯太空望遠鏡（Hubble Space Telescope）所拍攝的火星。

好奇號所看見的火星大地

圖為好奇號在2016年9月時拍攝的「自拍」影像。周圍遍布著火星特有的紅褐色大地。

第5顆行星 木星 是太陽系中 最大的行星

巨大「眼睛」 其實是高氣壓的氣旋

圖為將探測器朱諾號（Juno）在 2016年12月於木星南極附近攝得 的影像修正顏色而成。

接 下來是第5顆行星 —— 木星，平均直徑為13萬9822公里，約為地球的11倍。木星的質量重達地球的318倍左右，作為太陽系中最大的行星，其壓倒性的存在感可說是獨一無二。不同於擁有地表的類地行星，木星是屬於被濃厚氣體所包覆的「氣體巨行星」（gas giant，類木行星）。

在右頁圖中，鮮明地顯示出了木星極富特色的條紋圖案及其代表性象徵「大紅斑」（Great Red Spot）。

大紅斑是位於木星南半球的巨大渦旋，其大小相當於2顆地球。大紅斑其實是由木星大氣構成的高氣壓渦旋。地球的颱風是低氣壓氣旋，而木星的大紅斑則是高氣壓氣旋。大紅斑每6天逆時針旋轉1圈。

大紅斑從發現以來至今存在超過350年，從未消失過。不過，已知大紅斑每年都在逐漸縮減變小。

朝土星航行的探測器卡西尼號
（Cassini）在2000年12月靠近
木星時拍攝的影像。右側像眼睛
的圖案就是大紅斑。

木星的象徵「大紅斑」

探測器朱諾號在2017年7月時一度
非常接近大紅斑。圖為將當時攝得的
影像修正顏色而成。

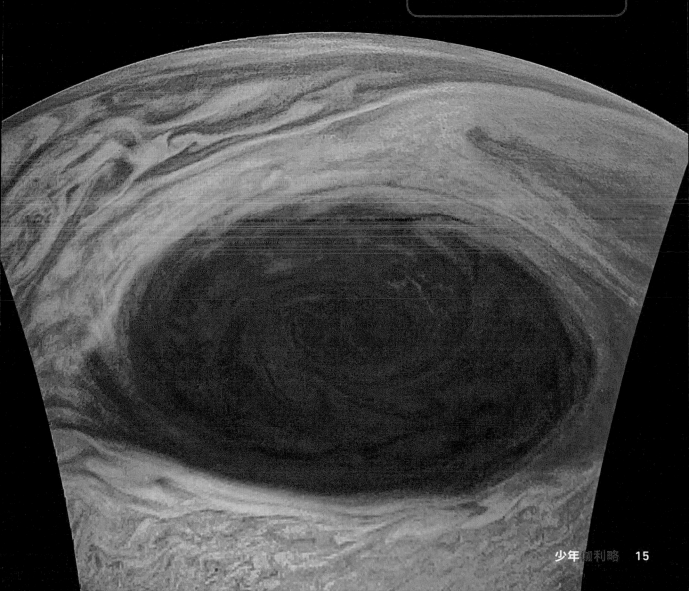

卡西尼號所看見的土星

探測器卡西尼號從土星環下方17度角
拍攝的土星。

構成太陽系的星體

擁有迷人行星環的
第6顆行星 土星

土星環幾乎都由冰粒所構成

擁有美麗行星環而讓人印象深刻的第6顆行星 —— 土星，與木星同為氣體巨行星。除去行星環不計的話，土星主體的平均直徑為11萬6464公里，其大小僅次於木星，在太陽系行星當中排名第2。與木星一樣，土星的表面也有條紋圖案。

除了土星之外，木星、天王星以及海王星也擁有行星環，但土星環的大小首屈一指。土星環顏色看起來較深的部分，其寬度（從內側到外側的長度）可達6萬公里以上。另一方面，其厚度卻只有數十到數百公尺不等。此外，已知土星環大部分是由冰粒所構成。

探測器卡西尼號從2004年7月抵達土星以來，便持續詳細觀測土星及其衛星。2017年9月15日朝土星進行最後一次接近之後，卡西尼號便衝入大氣層，結束所有探測任務。

由冰粒構成的行星環

從探測器卡西尼號的數據所得到的土星環
樣貌。冰粒的大小差異使顏色有所不同。

木星的衛星木衛二與土星的衛星土衛二

液體的發現，提升了外星生命存在的可能性

接下來要介紹兩個相當受科學家矚目的天體，也就是木星的衛星（如月球之於地球）之一「木衛二」（Europa），以及土星的衛星之一「土衛二」（Enceladus）。

木衛二的表面被厚達 3 公里的冰所覆蓋。根據探測器伽利略號（Galileo）的調查，有強力證據顯示在厚厚的冰層下有著廣大的液態海洋

地下充滿液態水的木衛二

由探測器伽利略號攝得的木衛二表面影像中，可以看見像是纖維與紋路的圖案。一般認為，這是位於下層的岩石與氣體從冰層裂隙中噴出時所產生的。木衛二的直徑為3130公里，僅比月球稍小一點。

存在。在2019年11月，更第一次檢測到木衛二表面的水蒸氣。由於液態水的存在被公認是生命能夠存在的強力條件，也因此招來了全球科學家的密切關注。

另一方面，土衛二亦備受矚目。土衛二被冰所覆蓋的表面裂隙中，會噴出水蒸氣以及冰粒子。從這樣的觀測結果可以推測，土衛二的地表下或許有廣大的液態海洋及熱源存在。如今已在冰粒子當中發現有機物，或可作為未來對外星生命的探測目標。

很可能有生命存在的土衛二

在探測器卡西尼號拍攝的土衛二影像中，顯示出被冰覆蓋的表面上有許多裂隙。被細小冰粒所覆蓋的平原呈現白色，出現粗粒的裂隙附近則是呈現藍綠色。土衛二的直徑為504公里。

Coffee Break

土星可以浮在水面上！

在 太陽系的行星當中，「內部」最為緊密的行星是哪一顆呢？

　　事實上，1立方公分平均為5.5公克（5.5g/cm^3）的地球是內部最為緊密的行星。

　　行星當中，半徑最大的木星其平均密度為1.3g/cm^3，只有地球的4分之1左右。而體積次大的土星其平均密

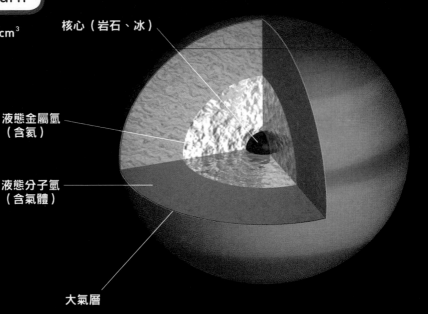

土星 Saturn

密度　0.69g/cm^3

核心（岩石、冰）

液態金屬氫（含氦）

液態分子氫（含氣體）

大氣層

土星的內部結構

岩質的核心周圍被液態金屬氫（含氦）等壓縮而成的輕元素所圍繞。由於與具有相同結構的木星相比，土星的質量較低，因此無法像木星一樣壓縮內部的物質，使得土星成為密度最小的行星。

度為0.7g/cm³，結構稍嫌鬆散。也就是說，體積越巨大的行星其密度就有越小的傾向。

而具有堅硬地表的類地行星（水星、金星、地球、火星），內部則多為鐵等較重的元素。相對於此，表面被氣體包覆的氣體巨行星（木星、土星）則幾乎都由氫、氦等較輕的元素所構成。土星的密度低於1g/cm³，比水的密度還要小。

假如把土星放進超級巨大的水槽……？想必會在水上漂來漂去吧！

地球　Earth

密度　5.52g/cm³

內核
（固態的鐵鎳合金）

外核
（液態的鐵鎳合金）

地函
（矽酸鹽）

地殼　（矽酸鹽）

大氣層（主要為氮與氧）

地球的內部結構

地核由地函所包覆，內核含有固態的鐵，外核則含有熔化的鐵，使地球成為類地行星之中質量最大的行星，因此能夠壓縮其內部物質，亦成為密度最大的行星。

氣體巨行星

木星　土星

火星　地球

冰質巨行星
（ice giant，類海行星）

天王星　海王星

金星　水星

類地行星

離太陽最遠的
第7顆行星 天王星
第8顆行星 海王星

只有1架探測器曾經造訪

第7顆行星天王星的直徑為5萬724公里，大小在太陽系行星當中排名第3，僅次於木星與土星。其自轉軸相對於公轉軸傾斜了98度之多，幾乎是橫倒的狀態，這正是天王星最大的特徵。

而在橫倒天王星上的北極與南極，白天與黑夜的週期會變得非常長。經過長達42年的白天之後，會迎來長達42年的黑夜。

太陽系當中距離太陽最遙遠的第8

表面幾乎沒有圖案的天王星

於1977年發射的航海家2號是於1986年1月抵達天王星。圖為通過天王星旁邊時拍攝到的影像，而其表面幾乎看不到任何圖案。

顆行星是海王星。其直徑比天王星略小一點，為 4 萬9244公里。覆於表面的氣體中所含的甲烷會吸收紅色與橙色的光，因此整個星體看起來呈現藍色。於1846年發現的海王星剛好在繞行太陽 1 圈之後，於2010年回到當時被發現的位置。

自從1980年代的航海家 2 號（Voyager 2）之後，就再沒有任何探測器造訪天王星與海王星了，它們的真正面貌至今依舊成謎。

在海王星上方飄浮的白雲

航海家 2 號離開天王星之後，於1989年 8 月抵達探測任務的最終目的地 —— 海王星。當時拍攝的影像如圖所示，在發出藍色光芒的海王星南半球上飄浮著白雲。

被分類為矮行星的冥王星

直徑不及地球 5 分之 1 的小星體

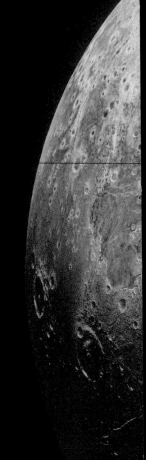

現在已經來到距離太陽非常遠的地方了，位在此處的天體就是冥王星。

冥王星是由美國天文學家湯博（Clyde Tombaugh，1906～1997）於1930年發現，當時將之視為太陽系的第 9 顆行星。然而，冥王星的直徑只有2374公里，明顯比其他的行星小很多，於是根據於2006年 8 月重新訂定的行星定義，冥王星被歸類為「矮行星」（dwarf planet）而非行星。

在此之前，探測器新視野號（New Horizons）已於2006年 1 月從地球出發，前往冥王星進行探查。連於1977年升空的探測器航海家號都未能造訪的冥王星，對人們而言無疑是塊充滿未知的領域。經過將近 9 年半的旅程之後，新視野號終於在2015年 7 月14日抵達冥王星。對於人類首次得見、如此精細的冥王星影像，來自世界各地的反響不絕於耳。

新視野號所看見的冥王星

令人印象深刻的心形區域一帶撞擊坑較少，因而被認為是相對較晚形成的地形。

圍繞太陽系的小天體集合 —— 歐特雲

發現彗星軌道的關鍵所在

要到多遠才算是抵達「太陽系的盡頭」呢？

以秒速400公里以上從太陽噴出的太陽風（solar wind），其吹抵範圍可達太陽到海王星之間距離的約 5 倍以上。太陽風所能抵達的範圍稱為「太陽圈」（heliosphere）。

荷蘭天文學家歐特（Jan Oort，1900～1992）十分好奇拖曳著美麗尾巴飛行的彗星究竟從何而來。在計算了許多彗星的運行軌道之後，他於1950年突破性地發現，凡是具有長週期的彗星都是來自太陽圈之外更遠的區域。

該區域呈球殼狀延伸擴展，名為「歐特雲」（Oort cloud）。一般認為，歐特雲的範圍廣達太陽到地球之間距離的10萬倍左右，而這就是目前人類所知的「太陽系的盡頭」。

太陽到歐特雲之間的距離大約為 1 光年。

歐特雲

球殼狀的歐特雲從遠處圍繞著太陽，是以冰為主要成分的小天體集合。下圖特將小天體的密度做誇大呈現而描繪出較多的數量，但實際上其密度非常鬆散。據說小天體的數量有 5 兆至 6 兆個。當這些小天體受太陽重力影響而被吸引到內側並掠過地球附近，即所謂的「彗星」。

Column

Coffee Break

在太陽圈之外持續飛行的太空探測器航海家號

2012年8月,NASA(美國航太總署)於1977年發射的無人太空探測器「航海家 1 號」(Voyager 1)飛離太陽圈,進入了太陽圈外側的星際空間(interstellar space)。這是史上第一次有人造物體脫離太陽圈,可說是歷史性的壯舉。

航海家 1 號在1979年至1980年期

航海家 1 號

航海家 1 號脫離太陽圈之後,在星際空間中前進的想像圖。太陽與地球位於天線所指的方位。同年升空的航海家 2 號也在2018年12月脫離了太陽圈。

間靠近木星及土星，近距離進行觀測。斬獲成果相當豐碩，包括拍攝木星的特徵「大紅斑」、首次發現木星的衛星木衛一（Io）有火山活動發生、詳細觀測土星環的結構等。之後，航海家號更於1998年超越了先鋒10號（Pioneer 10），成為距離地球最遠的太空船。

脫離太陽圈的航海家 1 號目前以秒速約17公里（時速約 6 萬公里）的速度，朝著蛇夫座（Ophiuchus）的方向持續前進。距離抵達太陽系的盡頭 —— 歐特雲，還需要花上 1 萬4000～2萬8000年的時間。驚人的旅程仍在持續當中。

航海家 1 號拍攝的影像

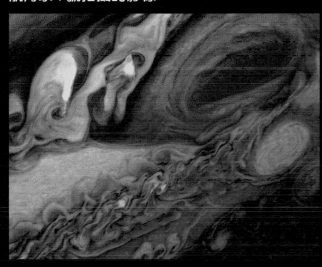

木星
右上所示為據信是太陽系最大的氣旋「大紅斑」。

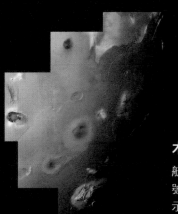

木衛一
航海家 1 號與 2 號的探測資料顯示，木衛一有火山活動發生。

土星
對其星環進行了詳細觀測。

用光速也要花 4 年才能抵達太陽隔壁的恆星

由三顆恆星組成的
半人馬座比鄰星

飛出太陽系之後，穿越過歐特雲，以光速朝著半人馬座（Centaurus）行進 4 年以上，最終就能抵達最靠近太陽系的恆星 ── 距離太陽4.22光年的「半人馬座比鄰星」（Proxima Centauri）。

這顆鄰近的恆星並不像太陽那樣是顆單獨的恆星，在比鄰星的附近還有兩顆恆星 ── 半人馬座 α 星A與B。這兩顆恆星與地球的距離皆為4.37光年，彼此之間的距離卻跟太陽到土星的距離差不多。

事實上，半人馬座比鄰星、α 星A與 α 星B這三顆恆星，都是圍繞著一個共同的重心進行公轉，像這樣的恆星組合稱為「雙星」（binary star）※。已知銀河系中的恆星有半數以上都是以雙星系統的形式存在。

像太陽這樣沒有夥伴、形單影隻的恆星，實際上或許是少數派。

※編註：半人馬座南門二屬於「三星」（triple star），不過也可視為由比鄰星與半人馬座 α 星A、B構成的雙星系統。

被歐特雲環繞的太陽系

半人馬座 α 星 A
（距離太陽4.37光年）

半人馬座 α 星 B
（距離太陽4.37光年）

半人馬座比鄰星
（距離太陽4.22光年）

距離太陽最近的三顆恆星

半人馬座比鄰星、α星A與α星B的示意
圖。最左下是被歐特雲環繞的太陽系。

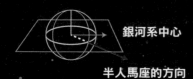

銀河系中心

半人馬座的方向

左圖所示為各頁天體位在宇宙的哪個方向。中心為地
球（太陽系）。淺藍色平面沿著銀河系的圓盤繪製而
成，右方為銀河的中心方向。相對於平面，上方是北
面，下方是南面。藍色箭頭代表天體的方向。

在夜空中閃耀的 1 等星位於宇宙何處？

來看看 1 等星導覽圖

右圖所示為位於太陽系周圍100光年以內的恆星導覽圖。

位於該區域的所有恆星約有2500顆，據說肉眼可見的 6 等星以上恆星有500顆左右，其中的 1 等星（比視星等1.5等還亮的恆星）有11顆。整個天空中最為閃亮的恆星有大犬座（Canis Major）的天狼星、天琴座（Lyra）的織女星以及天鷹座（Aquila）的牛郎星等，都是人們十分熟悉、點綴了夜空的閃耀星星。

1 等星全部有21顆，已知其中有半數以上位於距離太陽系100光年以內的區域。

天鵝座 α 星
天津四（Deneb，1412光年）

南十字座（Crux）β 星
十字架三（Becrux，279光年）

室女座（Virgo）α 星
角宿一（Spica，250光年）

天蠍座（Scorpius）α 星
心宿二（Antares，554光年）

金牛座（Taurus）α 星
畢宿五（67光年）

1500 光年　1000 光年　500 光年　100 光年

半人馬座 β 星
（392光年）

獵戶座 α 星
參宿四（640光年）

南十字座 α 星
十字架二（Acrux，322光年）

獵戶座 β 星
參宿七（Rigel，863光年）

船底座（Carina）
α 星老人星
（309光年）

波江座（Eridanus）α 星
水委一（139光年）

比100光年更遙遠的1等星

天鵝座的天津四是距離太陽最遙遠的 1 等星。

獅子座（Leo）α星
軒轅十四（79光年）

牧夫座（Boötes）α星
大角星（37光年）

距離太陽100光年以內的 1 等星

藍色同心圓表示與太陽之間的距離，沿著銀河
系的圓盤平面繪製而成。
　此外，圖中的雙星系統僅以 1 顆 1 等星為
代表。

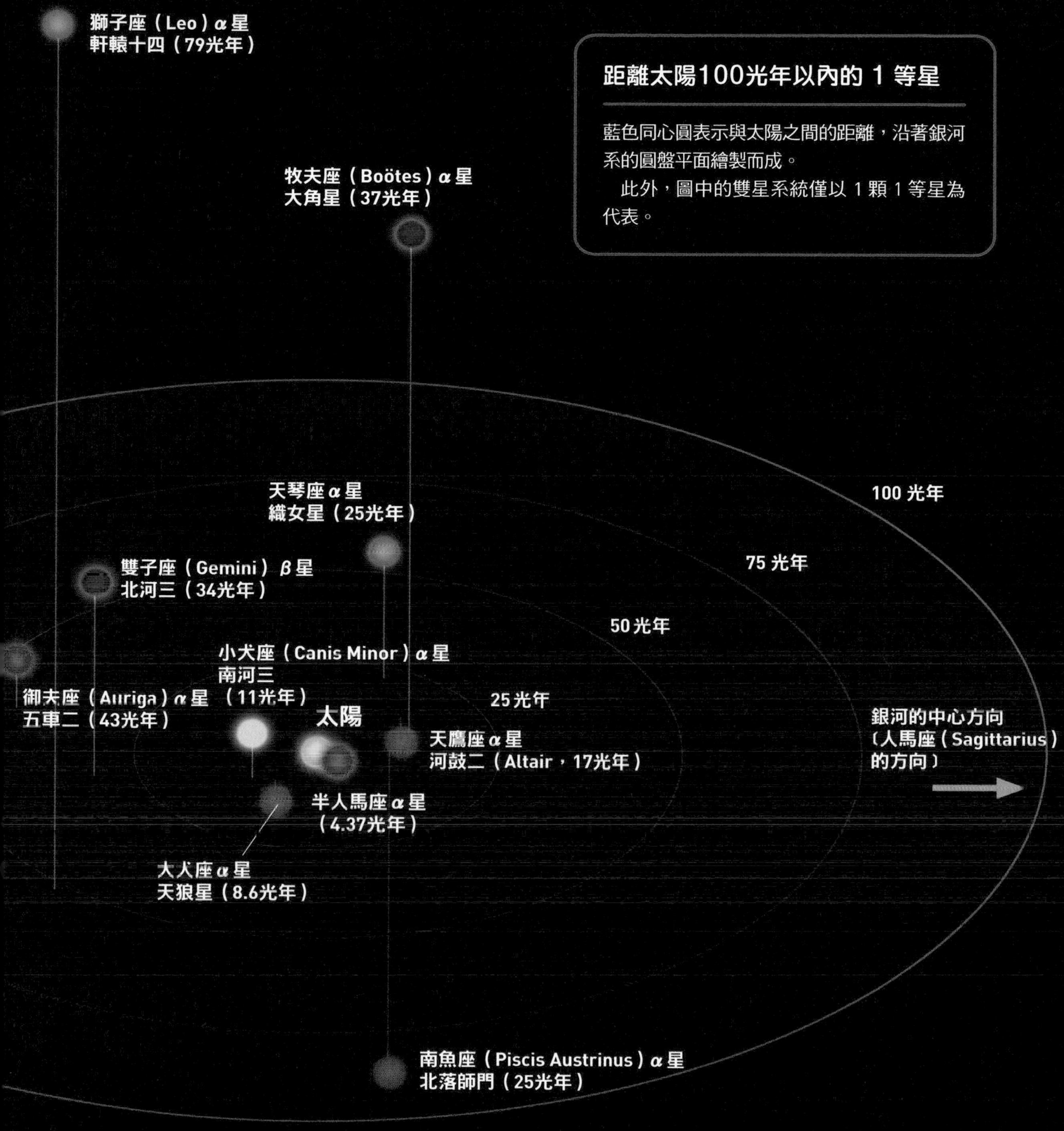

天琴座 α 星
織女星（25光年）

100 光年

雙子座（Gemini）β 星
北河三（34光年）

75 光年

50 光年

小犬座（Canis Minor）α星
南河三
（11光年）

25光年

御夫座（Auriga）α星
五車二（43光年）

太陽

天鷹座 α 星
河鼓二（Altair，17光年）

銀河的中心方向
（人馬座（Sagittarius）
的方向）

半人馬座 α 星
（4.37光年）

大犬座 α 星
天狼星（8.6光年）

南魚座（Piscis Austrinus）α星
北落師門（25光年）

發出藍白色光芒的年輕群星

誕生自同一個「母親」的兄弟星 ── 昴宿星團

朝 金牛座的方向前進410光年的距離，就會看見發出藍白色光芒的星體集合 ──「昴宿星團」（Pleiades）。

昴宿星團由大約100顆恆星所組成，藍白色的星光代表它們是非常年輕的星體。一般認為，昴宿星團眾星的年齡大致介於6000萬到1億歲左右。在星星的世界中，這已經算是非常年輕了！（舉例來說，太陽大約46億歲）

昴宿星團的眾星是誕生自同一個「母親」（暗星雲，dark nebula）的「兄弟姊妹」。就恆星而言，像這樣成群誕生的情況並不在少數。

如昴宿星團這樣在同一個地方誕生的年輕群星，就稱為「疏散星團」（open cluster）。

昴宿星團

由從外太空進行天文觀測的「哈伯太空望遠鏡」攝得的昴宿星團。如果以肉眼眺望在冬日夜空中閃耀的昴宿星團，眼睛較好的人可以辨識出5至7顆左右的星體。伽利略（Galileo Galilei,

金牛座的方向　銀河系中心

紅通通的巨大老年恆星即將爆炸！

體積高達太陽10億倍的獵戶座參宿四

獵戶座
左上箭頭所指的是參宿四

冬 天的代表星座獵戶座（Orion）的左上方，有顆發出紅光的1等星名為參宿四（Betelgeuse），距離太陽系約640光年。

參宿四極為巨大，其直徑約為太陽的1000倍，換算成體積則高達10億倍。如果把參宿四移到太陽所在位置，其體積會大到把地球及火星完全吞噬掉，甚至於觸及木星的軌道。

目前，參宿四正面臨恆星生命的最後階段，即將迎來所謂的「超新星爆炸」（supernova explosion）。雖說是即將迎來，但宇宙彼方的超新星爆炸可能發生在距今100萬年前，或是1萬年前，甚至是1天前。

參宿四所發出的光芒要經過640年才會抵達地球。也就是說，從地球所見的景象其實是參宿四640年前的模樣。假如參宿四剛好在距今640年前發生超新星爆炸的話，或許我們就可以在明天看到發出猛烈明亮光芒的參宿四。

此點為太陽，使用了與右方的參宿四幾乎相同的比例尺描繪而成。

紅通通的老年恆星 ── 參宿四

恆星在年老時會膨脹，且會由於表面溫度下降而變紅，因此形成的巨大紅色恆星稱為「紅巨星」（red giant）。若是特別巨大的紅巨星則稱為「紅超巨星」（red supergiant），參宿四就是一個代表性的例子。圖為法國的巴黎天文臺解析紅外線而得的參宿四表面。比較明亮的區域代表其溫度比周圍區域還要高。

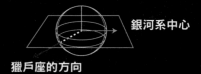

星星的一生
結束之時

參宿四的一生

恆星並非亙古永存，星星與人類一樣具有生命週期。

當存在於外太空中的氣體等物質密度變高，其中心就會誕生出原恆星（protostar，恆星的蛋）。擁有一定程度質量的恆星最終會以氫為燃料進行核融合，開始發出光芒。

就像獵戶座的參宿四，以具有太陽20倍質量的恆星為例，該狀態會持續大約1000萬年，相當於一生中約9成的時間。之後，隨著作為燃料的氫越來越少，恆星內部的壓力平衡就會改變，並且開始膨脹。與此同時，恆星表面的溫度會下降，彷彿染上一層紅色。接著在生命的最後發生超新星爆炸，就此結束一生。

若是像太陽這樣質量較輕的恆星，在迎來最後一刻時並不會爆炸，而會殘留恆星的核心，外側的部分則是往外太空飄散。

像參宿四這樣巨大的恆星也好，如太陽這樣輕盈的恆星也罷，在邁向死亡時釋出的氣體與塵埃都會成為下一顆恆星誕生的原料。

紅超巨星
（目前的參宿四）

來到剩餘壽命為一生中約1成的階段。

星際分子雲（interstellar molecular cloud）

恆星從此處誕生。

在爆炸之後會殘留黑洞或是中子星
（neutron star，主要是由中子所
構成的高密度天體），目前尚不得
而知。

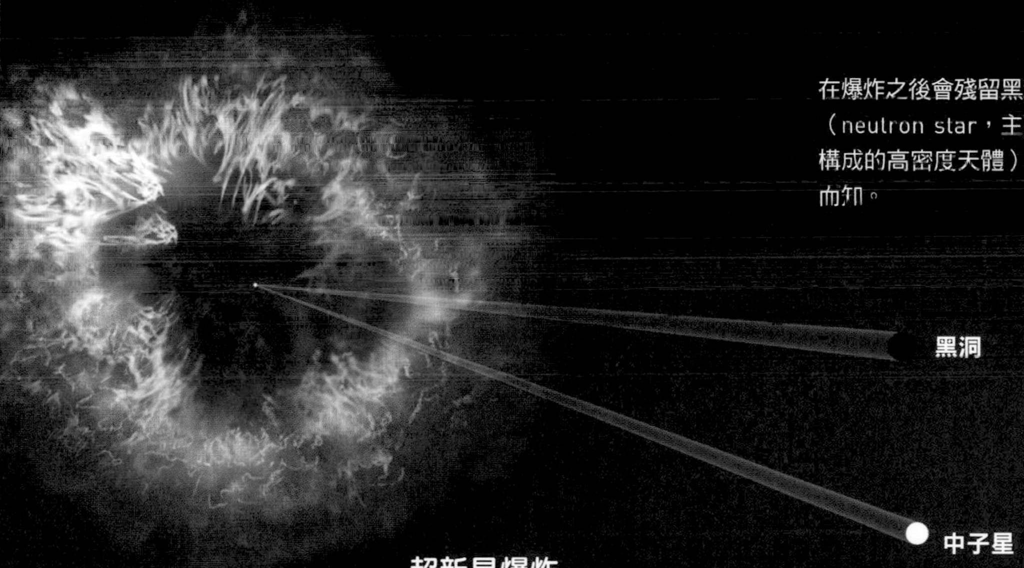

黑洞

中子星

超新星爆炸

據說會發出比滿月還亮100倍以上
的光芒。

銀河系的主要天體

馬頭星雲的煙霧中發生了什麼？

核融合開始進行，誕生新恆星的所在

在 獵戶座的方向上距離1300光年的彼端，有團如煙柱般的星雲。由於形狀看起來就像馬頭，因此稱之為「馬頭星雲」（Horsehead nebula）。

馬頭星雲是由飄浮在外太空的塵埃與氣體聚集而成的濃密團塊。就像雲朵會遮蔽太陽一樣，飄浮在宇宙中的濃密塵埃與氣體的團塊，也會遮蓋住後方較明亮的區域，所以只有該區域看起來黑黑的。像這樣的天體，在天文學上稱為「暗星雲」。

暗星雲正是新恆星誕生的所在。在塵埃與氣體的密度更高的地方，會開始發生使恆星發光的「核融合反應」，即恆星一生之始。在馬頭星雲當中有許多塵埃與氣體的團塊，就像是在等待誕生的恆星寶寶一樣。一般認為，太陽應該也是在約46億年前從這類暗星雲中誕生的。

哈伯太空望遠鏡所看見的馬頭星雲

哈伯太空望遠鏡以紅外線相機所拍攝的馬頭星雲。使用紅外線就能看見在黑影般的星雲中準備誕生的眾星。馬頭星雲是美國天文學家弗萊明（Williamina Fleming，1857～1911）於1888年所發現。

銀河系中心

獵戶座的方向

嬰兒期恆星誕生的夢幻情景

獵戶座大星雲其耀眼光芒的本質為何？

在 冬天的代表星座獵戶座的下半部中間附近，用肉眼可以看見一個散發著模糊光芒的區域。若以天文望遠鏡一探究竟，就能看到足以媲美身穿華麗洋裝的美麗模樣，那正是距離太陽1400光年的「獵戶座大星雲」（Orion nebula）。

儘管從右圖難以辨別，不過其實在獵戶座大星雲的中央有 4 顆才誕生不久的恆星。這幾顆像是四胞胎寶寶（雖說是寶寶，但也有幾百萬歲了！）的星體名為「獵戶座四邊形」（Trapezium）。

就像發出宏亮的初生啼聲，這四顆新生恆星朝周圍釋放出強烈的紫外線。被這些紫外線照射到的氫氣，會因為接收到能量而分裂成原子核（質子）與電子〔該過程稱為游離（ionization）〕。當原子核與電子再次結合時，就會發出耀眼的光芒。

銀河系中心

獵戶座的方向

獵戶座

獵戶座大星雲的位置（箭頭）

哈伯太空望遠鏡所看見的
獵戶座大星雲

顏色差異代表在塵埃與氣體中含有的元素不同。而像獵戶座大星雲這樣，飄浮在外太空的塵埃與氣體因為照射到年輕恆星放出的紫外線而發光，或是直接反射星體光芒而閃耀的天體，在天文學上稱為「瀰漫星雲」（diffuse nebula）。

戒指般的天體是
恆星邁向死亡的姿態
環狀星雲是80億年後太陽的模樣

在 天琴座的方向上距離2600光年的彼端，有一個像是戒指般的星體飄浮在宇宙中，其名為「環狀星雲」（ring nebula）。在日本作家暨詩人宮澤賢治（Kenji Miyazawa，1896～1933）的童話《土神與狐狸》中，曾以「魚口星雲」（fish mouth nebula）之名登場。

環狀星雲的直徑約 1 光年，是過去曾經閃耀的恆星在壽命將盡、邁向死亡的階段「行星狀星雲」（planetary nebula）的代表性例子。

擁有與太陽相近質量的恆星，在臨終之際會膨脹成巨大的紅巨星。紅巨星會反覆地膨脹、收縮，並從表面靜靜地釋出氣體至外太空。當所有氣體都被釋放殆盡之後，作為恆星的一生便到此結束，並且在中心留下類似燃燒殘留物的「白矮星」（white dwarf）。

當擴散到周圍的氣體照射到白矮星放出的紫外線時，就會閃耀顏色鮮豔的光芒，這就是行星狀星雲的由來。太陽在大約80億年後也會譜下生命的休止符，或許到時候也會變成類似的模樣。

哈伯太空望遠鏡所看見的環狀星雲

向周圍擴散的氣體會因為所含元素的差異，而發出不同顏色的光芒。像這樣的天體，在天文學上稱之為「行星狀星雲」。「行星狀」是源於早期使用望遠鏡觀察時，看起來就像行星般具有一定的視面積而得名。位於中心的白矮星密度極高，相當於 1 顆方糖大卻有幾百公斤重那樣。

天琴座的方向

銀河系中心

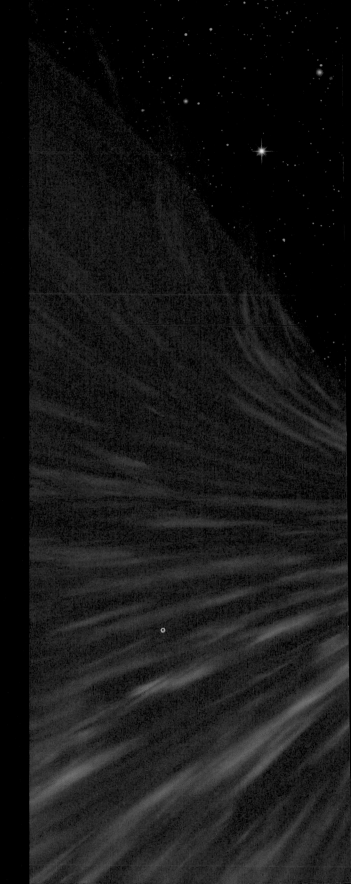

人類首次發現的黑洞！

發射出強烈X射線的天鵝座X-1

在 距離6000光年的彼方有個名為「天鵝座X-1」（Cygnus X-1）的天體，也是人類首次藉由觀測確認到充滿謎團的「黑洞」（black hole）之處。

黑洞會吞噬周遭所有的物質。如果被黑洞吞噬，即便是光也無法逃脫。

最初以愛因斯坦（Albert Einstein，1879～1955）的相對論為基礎，於1916年指出黑洞在理論上能夠存在的人是德國天文物理學家史瓦西（Karl Schwarzschild，1873～1916）。話雖如此，儘管黑洞在理論上得以存在，但是對於未親眼看見的事物抱持懷疑態度是人之常情，就連愛因斯坦一開始也不相信。

然而在1962年，人類發現了會發射強烈X射線的天體，也就是天鵝座X-1。假如巨大恆星表面的氣體正被黑洞所吞噬，那麼該天體會發出X射線的原因也就說得通了。如此一來，黑洞的存在便可由觀測得到佐證。

天鵝座的方向

銀河系中心

天鵝座 X-1 的黑洞

巨大藍色恆星（圖近前處）的氣體被由雙星組成
的黑洞（圖右上）吸入的模樣。氣體就像流進排
水孔的水一樣，在黑洞周遭轉著圈被吸入其中。
氣體因為摩擦造成高溫，進而發射出 X 射線。

1000年前觀測到源於超新星爆炸的蟹狀星雲

恆星死後留下的燦爛殘骸

在 金牛座的方向上距離7200光年之處，有個像是壯麗煙火的天體 ——「蟹狀星雲」（Crab nebula）。名稱源自於英國帕森思伯爵（第三代羅斯伯爵，William Parsons, 3rd Earl of Rosse，1800～1867）所繪的形似螃蟹的星雲素描。

蟹狀星雲是名為「超新星殘骸」（supernova remnant）天體的代表性例子。質量為太陽8倍以上的恆星在面臨死亡時，會發生足以炸飛整個星體的大爆炸，即所謂的「超新星爆炸」。構成恆星的各種元素會在猛烈的爆炸中四散到外太空中。而當這些元素受到殘留在中心的天體照射，或與外太空飄散的氣體與塵埃發生碰撞時，就會發出燦爛的光芒。

日本和歌歌人藤原定家（Sadaie Fujiwara，1162～1241）在其著作《明月記》中，留下了在西元1054年曾有明亮星體突然出現的紀錄，這正是讓蟹狀星雲誕生的超新星爆炸。由於光芒得經過7200年才會抵達地球，因此可以計算出超新星爆炸實際上是發生在距今8200年前左右。

金牛座的方向

銀河系中心

猶如煙火的蟹狀星雲

由NASA的錢卓 X 光觀測衛星（Chandra X-ray Observatory）的 X 射線、哈伯太空望遠鏡的可見光，以及史匹哲太空望遠鏡（Spitzer Space Telescope）的紅外線影像合成的蟹狀星雲。因超新星爆炸而被炸飛的恆星殘骸（綠色及橘色）擴散了大約 6 光年的距離。

老年恆星的聚集之處

從半人馬座 ω 星團中看見的恆星高齡化社會

眼前令人眼花撩亂的星星光點，每個都與太陽一樣為恆星。

這裡是南方天空中半人馬座的方向上，距離1萬7000光年的「半人馬座 ω 星團」（Omega Centauri）。像半人馬座 ω 星團這樣由數萬至數百萬顆恆星呈球狀聚集的天體，稱為「球狀星團」（globular cluster）。球狀星團是年齡相對較大的恆星集團，可以說是恆星的高齡化社會。

以從北半球能夠觀測到的球狀星團而言，位於武仙座（Hercules）的「M13」星團就十分出名。1974年時，位於波多黎各的阿雷西博天文臺（Arecibo Observatory）曾對距離約 2 萬5000光年的M13發送電磁波訊息。人們期待，在跟隨年老恆星運行的行星中，或許會有智慧生命體出現、演化。不過要收到回音還為時尚早，訊息得花上 2 萬5000年才能送達，因此最快也要等到 5 萬年以後才能收到回音。

數百萬顆星星摩肩擦踵的半人馬座 ω 星團

圖為用哈伯太空望遠鏡拍攝的半人馬座 ω 星團中心區域。在直徑約200光年的寬廣範圍中，有高達數百萬顆恆星摩肩擦踵，星體彼此之間的距離只有0.1光年左右，大致上相當於太陽與最近恆星的距離（4.22光年）的40分之 1。

銀河系中心
半人馬座的方向

位於銀河系中心的重量級天體

人馬座A*的黑洞
讓周圍的恆星隨之振動

朝人馬座的方向不斷前進，就會看到位於銀河系中央的星體集合「核球」（bulge）。若再進一步深入耀眼的核球之中，最終能抵達名為「人馬座A*」的天體。該天體位於距離地球2萬8000光年之處，正是我們銀河系的中心。

在銀河系的中心有著巨大的黑洞，推估其質量高達太陽的400萬倍。近

以錢卓X光觀測衛星觀測到的人馬座A*（箭頭）

年來，人們觀測到在其附近的恆星由
於受到黑洞強烈重力的影響，因而發
生振動的模樣。

　　透過未來持續不斷的研究，想必能
夠進一步揭開巨大黑洞的神祕面紗。

人馬座A*的超巨大黑洞

位於銀河系中心的超巨大黑洞想像圖。一般認為，
圍繞在銀河系中心超巨大黑洞附近的氣體與塵埃其
量並不多。倒是人們觀測到了周遭恆星因為黑洞的
強大重力，而以驚人速度振動的模樣。

眺望由2000億顆恆星集合而成的銀河系

太陽系位於何處？

接下來從稍微遠離銀河系的地方眺望銀河系的全貌吧。

銀河系是由約2000億顆恆星集合而成。其中一顆就是我們的太陽，位於距離銀河系中心相當遙遠的地方。簡而言之，我們住在銀河系的郊外。

首次把望遠鏡對著橫亙夜空的銀河，並發現銀河其實是龐大星體集合的人，是義大利科學家伽利略。此外，身為天王星發現者而聞名的英國天文學家赫雪爾（William Herschel，1738～1822）更得出了銀河的無數恆星是以凸透鏡般的形狀排列而成的結論。如今將這些星星的集合稱為「銀河系」。

銀河系的全貌

銀河系形似荷包蛋，相當於蛋黃的部分其結構名為「核球」。與其說銀河系核球的形狀是完整的球體，不如說更貼近稍微細長的棒狀。棒狀核球的兩端有 2 隻螺旋臂延伸而出，而太陽系就位在比這 2 隻主螺旋臂更細的支臂上。銀河系圓盤的直徑約為10萬光年，而太陽系附近的圓盤厚度則約2000光年。

球狀星團

核球

銀河的中心方向
（人馬座的方向）

太陽系的位置

銀河光芒
形成的影子

以 從地球看得見的天體而言，除了太陽與月亮之外，最明亮的就是金星。金星廣為人知的特色之一，就是其光芒能像太陽與月亮那樣在地上形成影子。

明亮到足以製造出影子的星體除了金星之外再無他者，但實際上已經確認到，由眾多恆星集合而成的銀河其光芒也會形成影子。

銀河系是多達約2000億顆恆星的集合，其形狀如前頁所示就像荷包蛋一樣，且蛋黃部分（核球）是星體最密集的地方。

由於地球位處在蛋白區邊緣的位置，因此從地球往蛋黃方向眺望時，銀河在人馬座的附近看起來最寬廣、最明亮。

若將該區域的明亮程度以 1 顆恆星的亮度來換算的話，相當於－2.7等星（約為 1 等的30倍）。雖然不及金星的亮度（－4 等星），但是銀河光芒也能夠形成影子這件事是不是很奇妙呢？

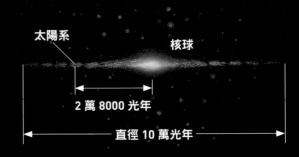

銀河系的截面

我們所看見的銀河，是橫向觀看銀河系時的樣貌。核球的方向上有許多恆星，因此該部分的銀河看起來相當寬廣，如同有著明亮光芒的帶狀天體。

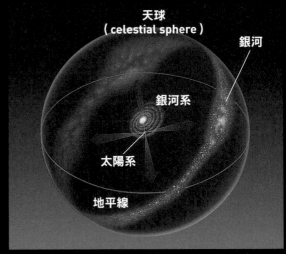

圖為從南半球觀看的銀河樣貌。

在南半球（澳洲）拍攝的銀河
照片中央是銀河系最明亮的部分。

麥哲倫作為航海標記的小星系

銀河系的鄰居
大麥哲倫雲與小麥哲倫雲

在我們居住的銀河系附近，半徑大約300萬光年的範圍內，有超過50個星系四散在各處。

最近的星系是距離太陽16萬光年的大麥哲倫雲（Large Magellanic Cloud），再往外延伸 4 萬光年則是小麥哲倫雲（Small Magellanic Cloud）。在16世紀搭船航行世界一圈的麥哲倫（Ferdinand Magellan，1480～1521）曾在航海日誌中留下「把長得像雲的天體當作航海標記」

大麥哲倫雲

銀河系中心

劍魚座（Dorado）～
山案座（Mensa）的方向

的紀錄，大小麥哲倫雲因而得名。

　　天文學家過去以為銀河系就是宇宙的全部，因此認為大小麥哲倫雲是位於其中的星系。然而進入20世紀之後，人類才知道原來大小麥哲倫雲都是位於銀河系之外的其他星系。

　　若有機會前往澳洲、巴西等南半球地區時，不妨抬頭看看夜空，或許用肉眼就可以看到這兩個像是雲朵般的天體。

以地面望遠鏡拍攝的
大麥哲倫雲（左）與小麥哲倫雲（右）

兩者都是形狀不固定的小型星系，不具圓盤這類構造。大麥哲倫雲看起來像是模糊的棒狀星體集合，而在其附近閃耀的粉色星雲（箭頭）是名為「蜘蛛星雲」（Tarantula nebula）的瀰漫星雲。

小麥哲倫雲

銀河系中心

杜鵑座（Tucana）的方向

浮於秋天夜空的美麗螺旋星系

顛覆宇宙觀的仙女座星系

距離太陽系250萬光年的彼方，飄浮著一個美麗星系 ——「仙女座星系」（Andromeda galaxy）。在臺灣、日本等北半球地區，可以在空氣清晰的明朗秋夜看見仙女座星系，它也是能用肉眼觀察到的最遠天體。

仙女座星系是一個碩大的螺旋星系（spiral galaxy），其直徑長達銀河系的 2 倍左右。一般認為，在其中心區域有 2 個巨大的黑洞。

這個天體過去被稱為「仙女座星雲」，因為當時人們認為它是位於銀河系之中的星雲。直到美國天文學家哈伯（Edwin Hubble，1889～1953）於1924年發現，仙女座星系其實是位於銀河系之「外」的其他星系。其後，人類才知道原來銀河系並非宇宙的全部，在銀河系之外還有更廣闊的宇宙，大大顛覆了至今以來的宇宙觀。

仙女座星系

圖為地面望遠鏡所拍攝的仙女座星系，其直徑大約22～26萬光年。如果從仙女座星系回頭看，應該就會像從地球剛好能夠看到仙女座星系一樣，瞧見擁有美麗螺旋的銀河系。

仙女座的方向　　　　銀河系中心

以壓倒性尺寸稱霸的成群星系

由1000～2000個星系聚集而成的室女座星系團

在室女座的方向上，有一個地方聚集了數量多到超乎想像的星系，那就是「室女座星系團」（Virgo cluster）。

在星系團中心有一個名為M87的巨大星系（關於M87的介紹請參見下一頁）。若以M87為中心，則聚集在室女座星系團的星系其實有1000～2000個之多。室女座星系團可說是星系的寶庫。

在星系的集合當中，規模較小者稱為「星系群」（group of galaxies），規模較大者稱為「星系團」。而由星系群及星系團集合而成，規模更加龐大的星系集合則稱為「超星系團」。

相較於銀河系所屬的本星系群，屬於室女座星系團的星系數量壓倒性地多。我們所屬的本星系群只有大約50多個星系，與熱鬧得像都市的星系團相比，本星系群就像是冷清的鄉下。

M87

室女座的方向

銀河系中心

M84

M86

室女座星系團

圖為從地面拍攝的室女座星系團部分區域的影像。M87位於室女座星系團的中心，是最大的星系。該影像捕捉到了許多看起來像是模糊雲朵的星系。看似小點點的光源，是比室女座星系團還要近上許多的銀河系恆星。

接連吞噬周圍的星系！巨大的橢圓星系M87

中心有個超巨大的黑洞坐鎮

「M87」是位於室女座星系團中心的巨大星系。在M87的身上看不到像是仙女座星系那樣的螺旋臂，它是一個球形的「橢圓星系」（elliptical galaxy），其直徑約為12萬光年。

在橢圓星系當中，像M87這般巨大者稱為「巨大橢圓星系」（giant elliptical galaxy）。在星系團的中心，通常都有巨大橢圓星系存在。就像都市會有百貨公司進駐，星系團當中也

往往伴隨著巨大橢圓星系的出現。

　　一般認為，M87是透過接連吞噬周圍的小型星系，持續長大至今。在M87的中心其實有個超巨大的黑洞坐鎮其中，其質量高達太陽的30億倍以上。銀河系中心的黑洞質量是太陽的400萬倍，與之相比就能理解M87的黑洞有多麼巨大了。

史匹哲太空望遠鏡所拍攝的M87

圖中顯示出在M87中央附近之黑洞的遠處有噴流（jet）。噴流是當黑洞在吸收周圍天體時，由無法一次吞噬的部分噴發而成。

室女座的方向

銀河系中心

爆發性的恆星形成使光芒格外明亮

噴出紅色火焰的星暴星系M82

在 大熊座（Ursa Major）的方向上距離1200萬光年之處，有一個光芒特別耀眼的星系名為「M82」。與其他亮度較為平均的星系相比，M82星系的明亮程度高達100倍。

在M82旁邊有一個名為M81的巨大螺旋星系，近期的研究發現，這2個星系在數億年前彼此曾接近到險些發生碰撞。當時由於M81的巨大重力作用，導致M82的氣體與塵埃被壓縮，進而爆發性地誕生出新的星體。一般認為，這種爆發性的恆星形成〔star formation，星暴（starburst）〕，就是M82如此閃耀的原因。此外，M82正在噴出遠抵數萬光年外的氫氣星系風（galactic wind）。像這樣活動性高的星系就稱為「活躍星系」（active galaxy）。

M82與超級星系風

裝備特殊濾鏡的哈伯太空望遠鏡所拍攝
的M82。

從圓盤的中心附近朝兩極方向噴出、
像是紅色火焰的結構，其實是氫氣。這
股強烈的氫氣星系風名為「超級星系
風」（galactic superwind）。

直到距離138億光年的宇宙彼端

能看見星系彼此激烈碰撞的地方

銀河系與仙女座星系
也急速互相靠近中！

在烏鴉座（Corvus）的方向上距離6800萬光年之處，有個「觸鬚星系」（antennae galaxy），正是星系現正彼此碰撞的代表性例子。

就如觸鬚之名所示，有2隻猶如昆蟲觸角般彎曲的手臂，從位於中央的兩個團塊之中伸了出來。若兩個星系由於重力互相吸引乃至於發生碰撞，就會變成這副模樣。

當星系之間發生碰撞，氣體與塵埃就會因為衝擊而被壓縮成濃密狀態，而該處將會有新的星體接連誕生。也就是說，星系可透過碰撞返老還童。

根據預測，我們的銀河系與仙女座星系也正以秒速109公里的急速互相靠近，或許未來某天就會發生碰撞。但目前還不用擔心，因為即使發生碰撞，那也是數十億年後的事情。

觸鬚星系的全貌

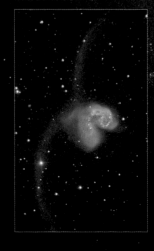

鳥鴉座的方向

銀河系中心

星系的碰撞現場 —— 觸鬚星系

哈伯太空望遠鏡所拍攝的觸鬚星系中心部分。
看似藍白色的點點，是由於星系碰撞而爆發性
誕生的新星體。紅色的部分是氫氣受新生年輕
星體的紫外線照射而發出的光芒。黑色條狀處
是暗星雲，作為新星體原料的氣體與塵埃濃密
地聚集在一起。

由無數星系交織而成的宇宙網絡

人類所知最大尺度的結構

接 著，我們以數十億光年這樣的巨大尺度來眺望宇宙吧！

根據估計，在可見極限（用望遠鏡能夠觀測的範圍）之下，大約有1000億個星系四散在宇宙中。而且星系的集團還會進一步連結起來，形成巨大的網絡。

這就像是肥皂的小泡沫聚集時的模樣。構成一個一個泡泡、相當於牆壁的部分有成串的星系，而相當於泡沫內部的空洞部分（直徑數億光年）則幾乎看不到星系。而不見銀河的空洞部分，在天文學上稱為「空洞」（void）。

由無數星系構成的這個泡狀結構（纖維狀宇宙），就是人類所知最大尺度的結構。在天文學上稱之為「宇宙大尺度結構」（large-scale structure）。

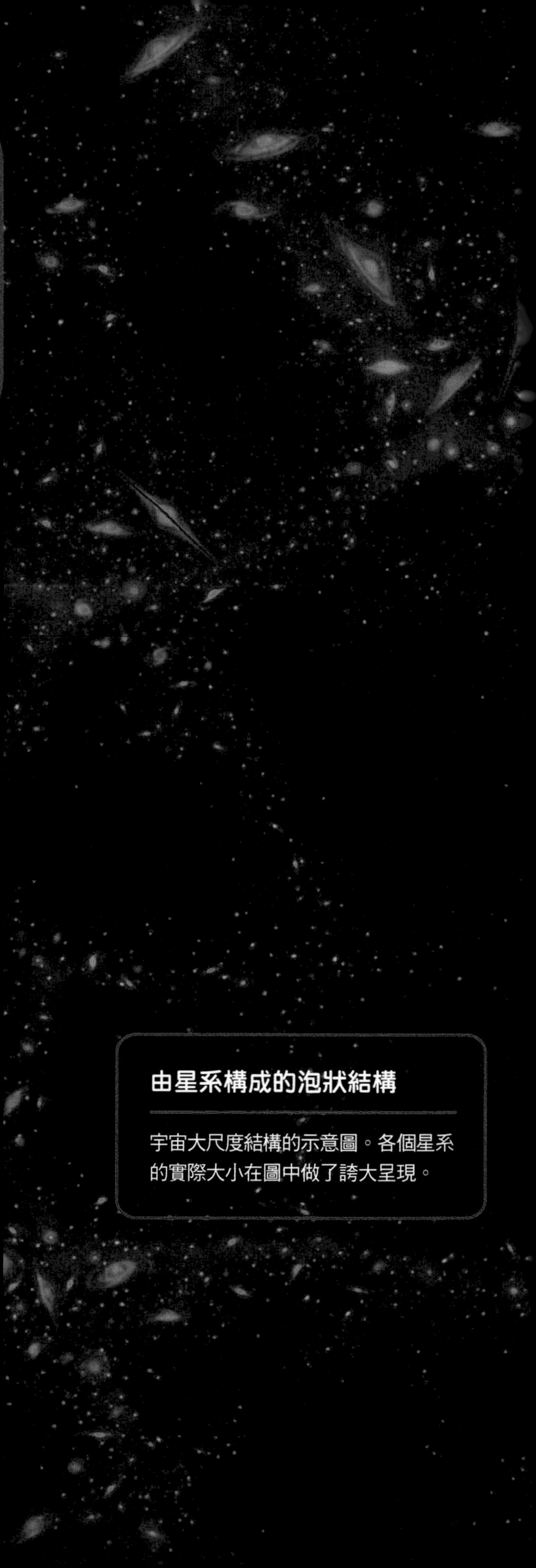

由星系構成的泡狀結構

宇宙大尺度結構的示意圖。各個星系的實際大小在圖中做了誇大呈現。

空洞
（直徑數億光年的空洞）

星系團及超星系團

在134億光年外發現距離地球最遠的天體

哈伯太空望遠鏡發現的嬰兒期星系

人類發現的「最遙遠星系」實際上位於距離太陽134億光年遠的地方。

「能夠發現位在多遠的星系」此一紀錄，是展現望遠鏡性能的指標之一。於2006年發現星系「IOK-1」的日本「昴望遠鏡」（Subaru Telescope），曾有一段時間位居冠軍。藉由調查從星系傳來的光顏色（波長），確認到IOK-1實際上是距離地球128億8000萬光年遠的星系。

其後，紀錄持續更新。最新的紀錄是哈伯太空望遠鏡於2016年發現的「GN-z11」，該星系位於134億光年之外。

望遠鏡是宇宙的時光機。因為光傳抵地球需要時間，所以看到遙遠的宇宙代表看到了過去的宇宙。因此，「位於134億光年彼方的星系」即是指「134億年前的星系」。

至今為止所發現的最遙遠星系

圖為哈伯太空望遠鏡在大熊座的方向上發現的「GN-z11」（框內為放大圖）。根據推測，GN-z11的直徑約為銀河系的4％，星體數量則約為銀河系的1％。GN-z11是在遙遠過去的宇宙中，剛誕生不久的「嬰兒期星系」。

大熊座的方向

銀河系中心

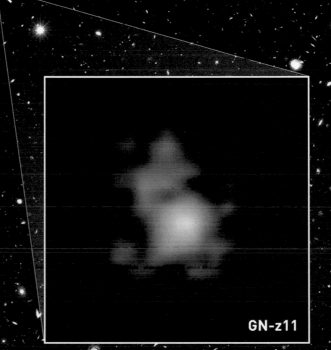

GN-z11

充滿灼熱氣體的宇宙盡頭

何謂「宇宙微波背景輻射」？

充滿灼熱氣體、整個宇宙空間都在閃耀著光芒的世界，這裡就是距離地球最遙遠的地方 ——「宇宙的盡頭」。

據說我們所處的宇宙是在距今約138億年前誕生的。一般認為，當時的宇宙別說是星體了，連一個塵埃都沒有。當時放出的光芒在宇宙中旅行了長達138億年的時間，才抵達我們所居住的地球。雖說是「光」，但並非人類肉眼可見的光，而是只有天線才能檢測到的「電磁波」。

這個電磁波並非來自恆星、星系等特定天體，與任何天體無關，也就是來自宇宙背景的電磁波，因此在天文學上稱之為「宇宙微波背景輻射」（cosmic microwave background）。

該宇宙微波背景輻射的源頭 ——138億年前的宇宙，正是人類所能觀測到的遙遠宇宙的極限，也是剛剛誕生時的宇宙樣貌。

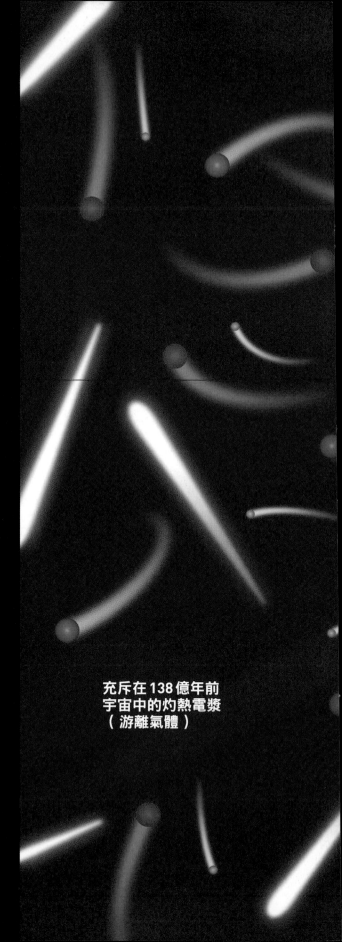

充斥在 138 億年前宇宙中的灼熱電漿（游離氣體）

宇宙創始的瞬間

何謂宇宙微波背景輻射？

在138億年前剛誕生的宇宙中，充滿了3000℃的灼熱電漿（plasma，游離氣體）。該電漿發出的光在外太空中行進長達138億年最終抵達地球，即宇宙微波背景輻射的由來。左圖為整個天空的宇宙微波背景輻射，由ESA（歐洲太空總署，European Space Agency）的觀測衛星「普朗克」（Planck）捕捉而得。越接近紅色代表溫度越高，越接近藍色則溫度越低，不過實際上比例差距只有10萬分之 1 左右。

宇宙有多大？

人類所能觀測到的宇宙有其極限。而在極限之外的遠處又有些什麼，誰也沒有見過。話雖如此，基於假說進行計算或天文觀測，仍出現了各式各樣對宇宙樣貌的假設。

目前，人們普遍認為宇宙「沒有末端」。然而，以地球的情況為例，當持續朝同一個方向前進，沒有末端就代表會回到原本的位置，所以也有人主張宇宙可能是「像球體一樣彎曲且體積有限的空間」。就數學上而言，「像平面一樣沒有彎曲且沒有體積的無限空間」或是「像馬鞍的表面（雙曲面）一樣彎曲且體積無限的空間」都有可能，但會是其中的哪一種情形，目前尚不得而知。

那麼，如果是所謂的「沒有末端」，宇宙到底有多大呢？

通常我們會下意識地認為：「因為宇宙是在距今138億年前誕生的，所以若以地球為中心的話，宇宙的半徑應該是138億光年？」然而，宇宙還在持續膨脹。因此，其半徑會比宇宙誕生之際放出的光所行進的距離還要長很多，估計長達約470億光年以上。

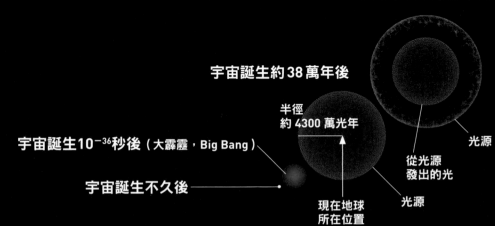

宇宙誕生十幾億年後

宇宙誕生約38萬年後

半徑約4300萬光年

宇宙誕生10⁻³⁶秒後（大霹靂，Big Bang）

宇宙誕生不久後

現在地球所在位置

從光源發出的光

光源

光源

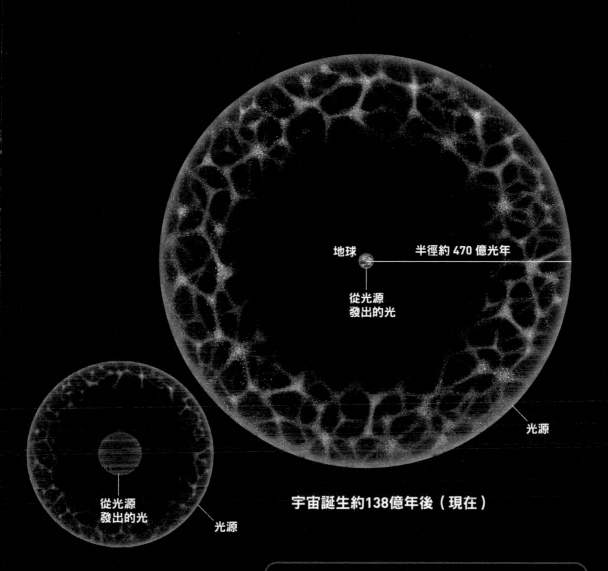

地球　　　　　　　半徑約 470 億光年

從光源
發出的光

光源

宇宙誕生約138億年後（現在）

從光源
發出的光

光源

宇宙誕生數十億年後

能夠觀測到的宇宙大小

一般認為，宇宙的光是從宇宙誕生約38萬年後開始直線
前進，而當時的光源位於距離地球約4300萬光年之處。
儘管如此，光仍需花上138億年才能抵達地球，原因在於
宇宙還在膨脹。也就是說，光在前進的同時，光源也正漸
漸遠離地球。

「**宇**宙」在此告一個段落,您覺得如何呢?

本書從我們居住的太陽系開始,陸續介紹了銀河系以及存在於其外側的各種天體樣貌。

由多個像太陽這樣的恆星集合成銀河系,再由多個像銀河系這樣的星系集合成星系團,還有容納無數個星系團的這片廣大宇宙。

在無數星體之中會不會發現其他生命?宇宙是如何誕生的呢?宇宙的盡頭又是什麼模樣?對於這些問題,想必人類往後仍會持續探究下去吧。

衷心期待能以本書為契機,喚起您對宇宙的好奇心。若想了解更多,歡迎參考人人伽利略系列《星系・黑洞・外星人》、《138億年大宇宙》等精彩好書。

【 少年伽利略 25 】

宇宙
遨遊眾星的宇宙探索之旅

作者／日本Newton Press
特約主編／洪文樺
翻譯／吳家葳
編輯／蔣詩綺
發行人／周元白
出版者／人人出版股份有限公司
地址／231028 新北市新店區寶橋路235巷6弄6號7樓
電話／（02）2918-3366（代表號）
傳真／（02）2914-0000
網址／www.jjp.com.tw
郵政劃撥帳號／16402311 人人出版股份有限公司
製版印刷／長城製版印刷股份有限公司
電話／（02）2918-3366（代表號）
經銷商／聯合發行股份有限公司
電話／（02）2917-8022
香港經銷商／一代匯集
電話／（852）2783-8102
第一版第一刷／2022年6月
定價／新台幣250元
　　　　港幣83元

國家圖書館出版品預行編目（CIP）資料

宇宙：遨遊眾星的宇宙探索之旅
日本Newton Press作；
吳家葳翻譯. -- 第一版. --
新北市：人人出版股份有限公司, 2022.06
面；公分. —（少年伽利略；25）
ISBN 978-986-461-288-8（平裝）
1.CST：宇宙 2.CST：天文學

323.9　　　　　　　　　111005636

NEWTON LIGHT 2.0 UCHU
Copyright © 2020 by Newton Press Inc.
Chinese translation rights in complex
characters arranged with Newton Press
through Japan UNI Agency, Inc., Tokyo
www.newtonpress.co.jp

Staff

Editorial Management	木村直之
Design Format	米倉英弘 + 川口 匠（細山田デザイン事務所）
Editorial Staff	中村真哉，青木より子

Photograph

6～7	NASA/SDO	44～45	The Hubble Heritage Team (STScI/AURA)
8	NASA/Johns Hopkins University Applied Physics Laboratory/Carnegie Institution of Washington	48～49	X-ray: NASA/CXC/ASU/J. Hester et al.; Optical: NASA/ESA/ASU/J. Hester & A. Loll; Infrared: NASA/JPL-Caltech/Univ. Minn./R. Gehrz
9	NASA/JPL，JAXA		
10～11	NASA	50～51	NASA, ESA, and the Hubble Heritage Team (STScI/AURA); Acknowledgment: A. Cool (San Francisco State University) and J. Anderson (STScI)
12～13	NASA/JPL-Caltech/MSSS		
13	NASA		
14	NASA	52	NASA
15	NASA, NASA/JPL/University of Arizona	57	hit1912/stock.adobe.com
16～17	NASA/JPL-Caltech/Space Science Institute,NASA/JPL	58	Robert Gendler
18	NASA/JPL-Caltech/SETI Institute	59	F. Winkler/Middlebury College, the MCELS Team, and NOAO/AURA/NSF
19	NASA/JPL/Space Science Institute		
22	NASA/JPL-Caltech	60～61	Robert Gendler
23	NASA/JPL	62～63	NOAO/AURA/NSF
24～25	NASA/JHUAPL/SwRI	64～65	NASA/JPL-Caltech/IPAC/Event Horizon Telescope Collaboration
28	NASA/JPL-Caltech		
29	NASA/JPL,NASA/JPL/USGS,NASA/JPL	66～67	NASA
34～35	NASA, ESA and AURA/Caltech	68	Bob and Bill Twardy/Adam Block/NOAO/AURA/NSF
36～37	Haubois et al., A & A, 508, 2, 923, 2009, reproduced with permission ©ESO/Observatoire de Paris.	68～69	NASA, ESA, and the Hubble HeritageTeam (STScI/AURA)-ESA/Hubble Collaboration; Acknowledgment: B. Whitmore (Space Telescope Science Institute)
36	NASA		
40～41	NASA, ESA, and the Hubble Heritage Team (STScI/AURA)	72～73	NASA, ESA, P. Oesch (Yale University), G. Brammer (STScI), P. van Dokkum (Yale University), and G. Illingworth (University of California, Santa Cruz)
42～43	NASA, ESA, T. Megeath (University of Toledo) and M. Robberto (STScI)		
43	国立天文台	75	ESA and the Planck Collaboration

Illustration

Cover Design	宮川愛理（イラスト：Newton Press）	30～33	Newton Press
2～5	Newton Press	38～39	デザイン室 田久保純子
20～21	Newton Press	46～75	Newton Press
26～27	黒田清桐	76～77	デザイン室 高島達明